안 쌤 는

재미있는 수학

개미

퍼즐

B

[초1 · 2]

여왕개미

개미 나라를 세운
지혜로운 여왕개미

공주개미

밝고 명랑한 새침데기
공주개미

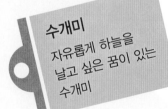

수개미

자유롭게 하늘을
날고 싶은 꿈이 있는
수개미

병정개미
개미 나라의 경비를
책임지는 병정개미

일개미 13호
여왕개미가 낳은 알을
돌보는 유모개미

일개미 21호

일개미 24호

땅을 파서 터널과
방을 만들거나
음식을 찾는 일개미

일개미 37호

일개미 36호

차 례

정답
확인해 볼까요?

87

Unit 01
빙고 퍼즐

번갈아 가며 하나씩 말하기

한 줄 빙고

개미들이 빙고 게임을 하고 있어요. 한 줄 빙고를 먼저 완성한 개미를 찾아 ◯표 하세요.

방법

① 빙고 판을 채우고 번갈아 가며 한 칸씩 적힌 내용을 말합니다.

② 말한 것과 같은 내용이 적힌 칸이 있으면 ◯표 합니다.

③ 가로, 세로, 대각선 중 한 줄이 모두 ◯표가 되면 빙고가 됩니다.

〈말한 순서〉

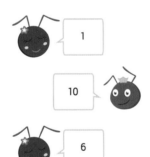

주제 : 1부터 10까지의 수

1	3	4
5	6	7
8	9	10

10	6	7
5	9	2
4	3	8

먼저 한 줄 빙고를 완성한 개미는 (,) 입니다.

〈말한 순서〉

5

20

11

주제 : 1부터 20까지의 수

2	10	14
8	5	1
11	18	3

7	5	9
8	20	4
12	11	2

 먼저 한 줄 빙고를 완성한 개미는 (,) 입니다.

〈말한 순서〉

참외

망고

포도

딸기

주제 : 두 글자 과일 이름

메론	포도	사과
자두	참외	수박
키위	딸기	앵두

수박	석류	사과
키위	망고	딸기
자몽	레몬	체리

 먼저 한 줄 빙고를 완성한 개미는 (,) 입니다.

정답 88쪽

안쌤과 함께하는 **재미있는 수학** 개미 퍼즐

두 줄 빙고 ①

주어진 빙고 판이 두 줄 빙고가 될 수 있도록 빈칸에 알맞은 수 또는 단어를 써넣으세요.

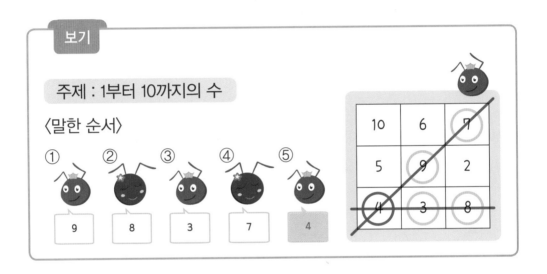

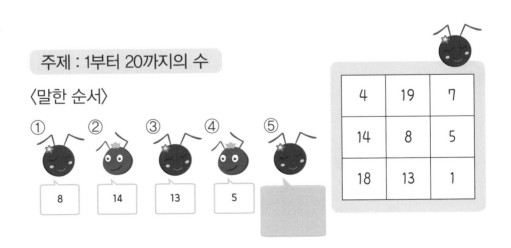

주제 : 두 글자 과일 이름

〈말한 순서〉

① 수박 ② 레몬 ③ 자두 ④ 자몽 ⑤

수박	석류	사과
자두	망고	딸기
자몽	레몬	참외

주제 : 세계 여러 나라

〈말한 순서〉

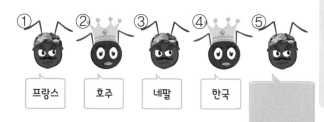

① 프랑스 ② 호주 ③ 네팔 ④ 한국 ⑤

태국	중국	네팔
호주	한국	인도
영국	미국	프랑스

주제 : 1부터 30까지의 수

〈말한 순서〉

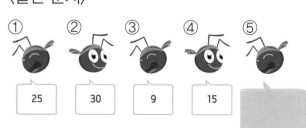

① 25 ② 30 ③ 9 ④ 15 ⑤

2	17	28
9	25	6
30	20	15

정답 88쪽

안쌤과 함께하는 **재미있는 수학** 개미 퍼즐

두 줄 빙고 ②

🍃 여왕개미만 두 줄 빙고가 될 수 있도록 (   ) 안에 알맞은 수 또는
단어를 써넣으세요.

빙고!

주제 : 1부터 30까지의 수

16	24	⑬
10	⑮	⑱
26	23	㉗

17	⑲	22
㉗	⑬	16
12	⑮	29

〈말한 순서〉

① 13 ② 18 ③ 15 ④ 27 ⑤ 19 ⑥

➡ 여왕개미는 (,   ,   ) 중 하나를 부르면 두 줄
빙고를 할 수 있습니다.

➡ 여왕개미가 (   )을/를 부르면 병정개미도 두 줄 빙고가
됩니다.

➡ 여왕개미가 (   ) 또는 (   ) 을/를 부르면 여왕개
미만 두 줄 빙고가 됩니다.

빙고!

주제 : 과일 또는 채소

감	참외	배추
오이	수박	키위
딸기	귤	사과

키위	참외	멜론
배추	딸기	망고
사과	귤	당근

〈말한 순서〉

① 딸기 ② 수박 ③ 귤
④ 배추 ⑤ 망고 ⑥

주제 : 1부터 30까지의 수

빙고!

30	10	9
28	13	22
6	3	1

30	23	13
29	9	21
25	6	3

28	21	10
25	1	13
29	9	6

〈말한 순서〉

① 28 ② 13 ③ 9 ④ 6 ⑤ 23 ⑥ 10 ⑦

정답 89쪽 ≫

세 줄 빙고

다음은 세 줄 빙고 게임의 규칙입니다. 주어진 빙고 판이 세 줄 빙고가 될 수 있도록 빈칸에 알맞은 수 또는 단어를 써넣으세요.

규칙
- 주어진 주제로 빙고 판을 채웁니다.
- 빙고 게임의 방법에 맞게 게임을 합니다.
- 먼저 3줄 빙고가 되면 이깁니다.

주제 : 1부터 30까지의 수

⟨말한 순서⟩

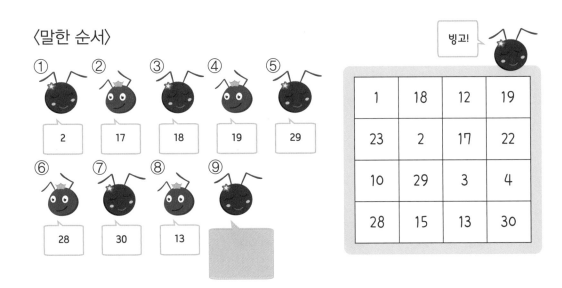

① 2 ② 17 ③ 18 ④ 19 ⑤ 29

⑥ 28 ⑦ 30 ⑧ 13 ⑨

빙고!

1	18	12	19
23	2	17	22
10	29	3	4
28	15	13	30

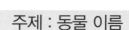
〈말한 순서〉

빙고!

사자	고양이	돼지	토끼
호랑이	악어	타조	상어
닭	고래	달팽이	소
양	말	개구리	거미

주제 : 10부터 40까지의 수

〈말한 순서〉

빙고!

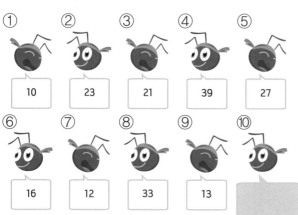

10	21	34	20
27	11	12	13
16	22	39	24
33	17	30	23

정답 89쪽 ≫

Unit 02

길 찾기 퍼즐

다양한 방법으로 길 찾기

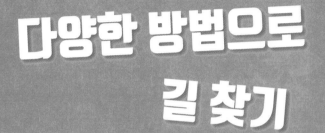

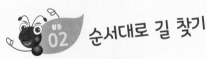
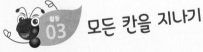

활동 01

안쌤과 함께하는 **재미있는 수학** 개미 퍼즐

반복하여 길 찾기

🍃 주어진 순서대로 반복하여 먹이가 있는 곳까지 가는 길을 그려 보세요.

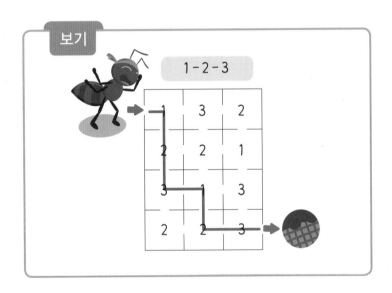

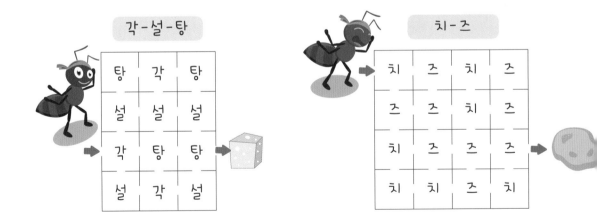

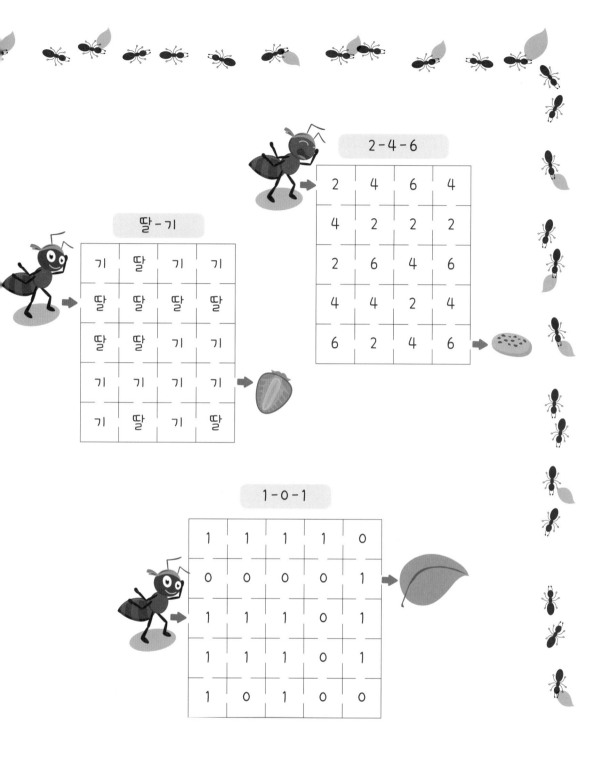

딸-기

2-4-6

1-0-1

정답 90쪽

순서대로 길 찾기

🍃 병정개미가 길을 찾고 있어요. 수의 순서에 맞게 길을 찾아보세요.

> 1부터 20까지
> 순서대로 찾아요.

13	11	10	7	3	1
9	7	9	4	3	2
12	11	8	5	6	3
13	10	7	6	8	5
14	9	8	9	10	13
15	18	16	20	15	17
16	17	18	19	18	16

100부터 1까지 수의 순서를
거꾸로 찾아요.

2	1	6	7	8	9	36	37	40	41
3	4	5	12	11	10	35	38	39	42
18	17	16	13	32	33	34	49	48	43
19	20	15	14	31	52	51	50	47	44
22	21	28	29	30	53	92	93	46	45
23	26	27	56	55	54	91	94	95	96
24	25	58	57	76	77	90	89	98	97
61	60	59	74	75	78	79	88	99	100
62	65	66	73	72	71	80	87	86	85
63	64	67	68	69	70	81	82	83	84

정답 90쪽

안쌤과 함께하는 **재미있는 수학** 개미 퍼즐

모든 칸을 지나가기

🍃 개미 나라에 뱀이 나타났어요. 뱀이 모든 칸을 빠짐없이 한 번씩만 지나가도록 머리부터 꼬리까지 선을 연결해 보세요.

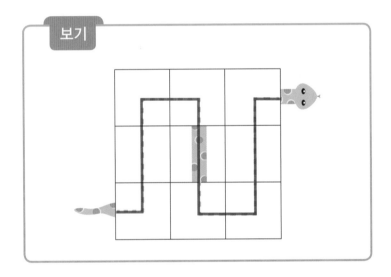

보기

상자가 놓인 곳은 뱀이 지나갈 수 없어요.

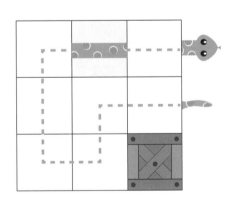

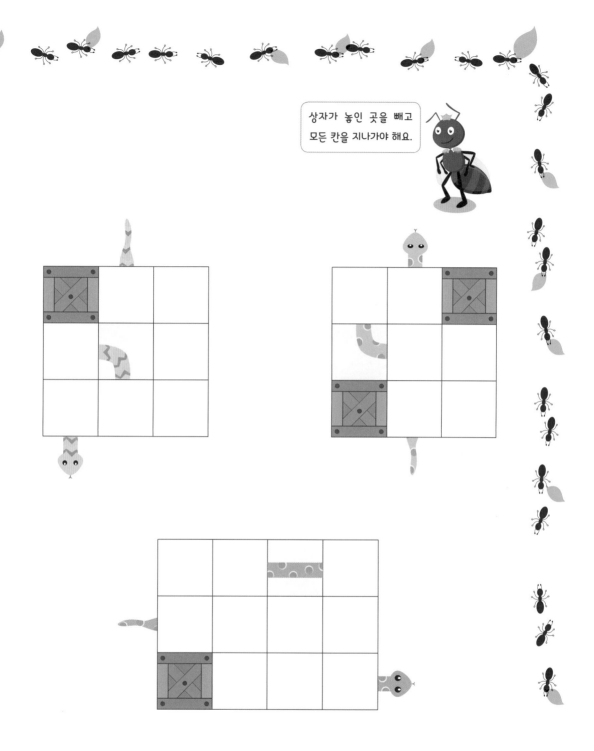

정답 91쪽

덧셈, 뺄셈 길 찾기

 규칙에 따라 █ 안에 알맞은 수를 써넣으세요.

규칙	• 뱀의 머리에서 시작하여 꼬리까지 하나의 선으로 연결합니다. • 현재 칸에 있는 수보다 2가 크거나 3 작은 수로 한 칸씩 이동합니다. • 가로, 세로, 대각선 모든 방향으로 이동할 수 있습니다.

6	3	6	8
9	12		3
8	10	9	9
4	7	2	6

> 9보다 2가 크거나
> 3 작은 수를 먼저 찾아요.

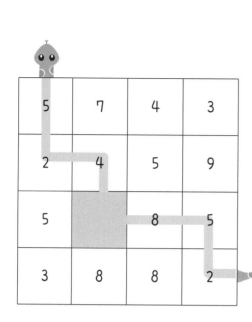

5	7	4	3
2	4	5	9
5		8	5
3	8	8	2

6	7	3	4
9		14	5
12	13		7
10	5	11	3

정답 91쪽 »

Unit **03**

규칙 퍼즐

알맞은 규칙
찾아보기

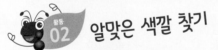

알맞은 그림 찾기

🍃 개미가 좋아하는 간식이 있어요. 그림의 규칙을 보고 빈 곳의 알맞은 모양을 찾아 아래 칸의 그림에 ⚪표 하세요.

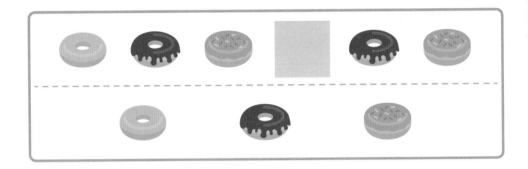

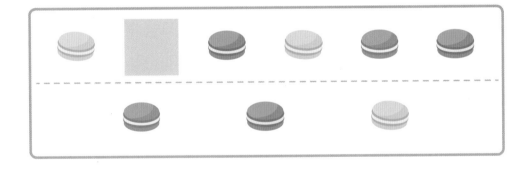

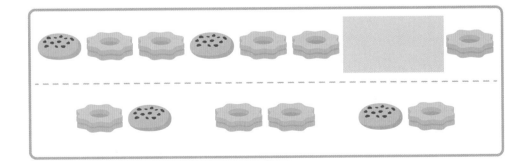

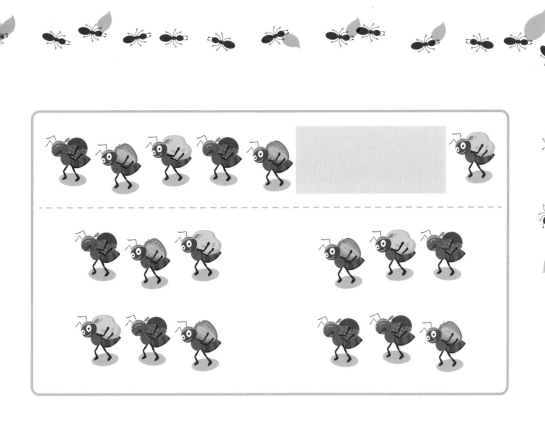

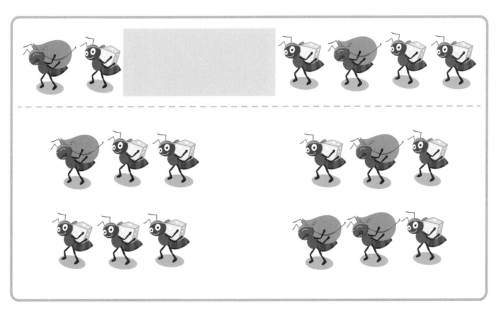

정답 92쪽

안쌤과 함께하는 **재미있는 수학** 개미 퍼즐

알맞은 색깔 찾기

🍃 그림을 보고 규칙을 찾아 ◯표 하고, 규칙에 맞게 빈칸에 알맞은 색을 칠하세요.

♣ 준비물 : 색연필(분홍색, 하늘색)

규칙 ①

화살표가 주황색이면 앞의 색과 (같습니다, 다릅니다).

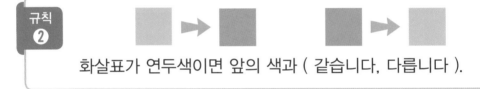

규칙 ②

화살표가 연두색이면 앞의 색과 (같습니다, 다릅니다).

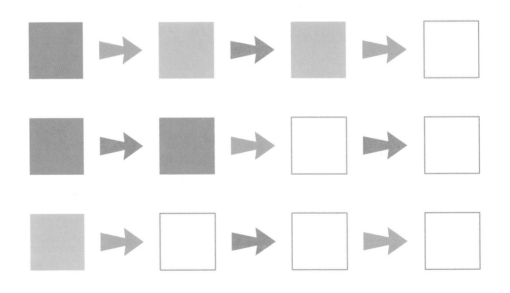

규칙을 찾아 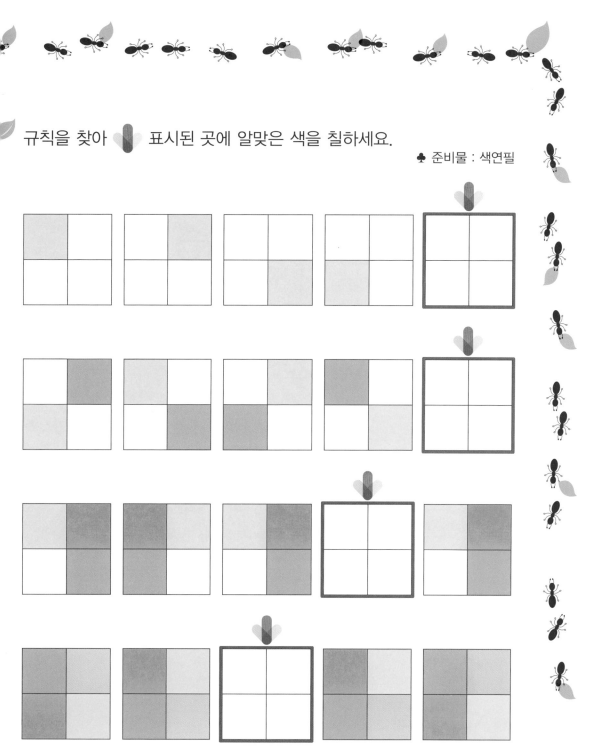 표시된 곳에 알맞은 색을 칠하세요.

♣ 준비물 : 색연필

정답 92쪽

안쌤과 함께하는 **재미있는 수학** 개미 퍼즐

알맞은 모양 찾기

🍃 공주개미가 꽃밭에 있어요. 알맞은 모양을 그려 보세요.

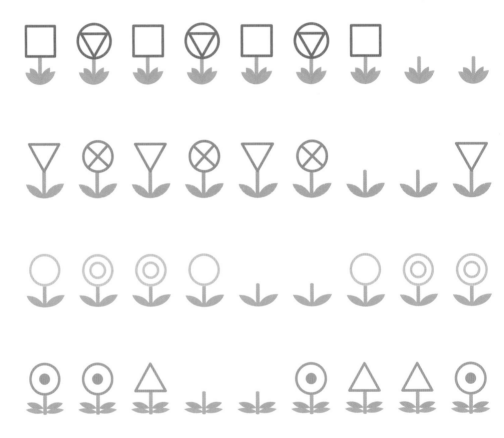

같은 모양이 반복되는
곳을 찾아요.

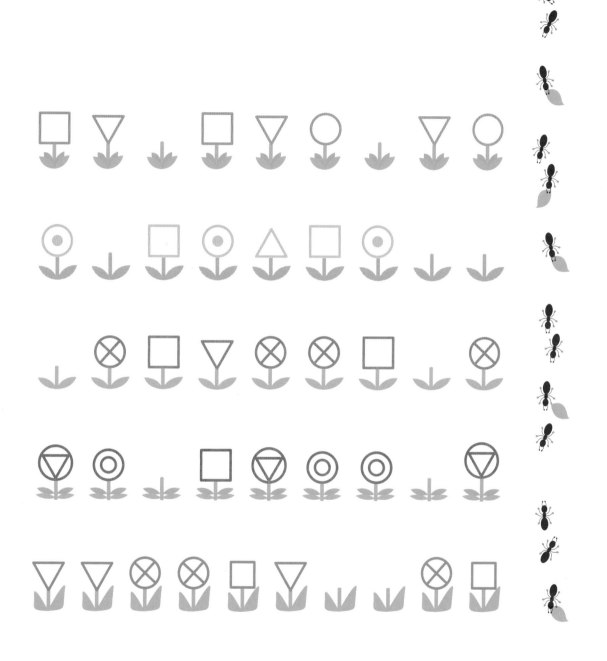

정답 93쪽

안쌤과 함께하는 **재미있는 수학** 개미 퍼즐

이중 규칙 찾기

🍃 왕자개미가 도형을 늘어놓았어요. 규칙을 찾아 빈칸에 들어갈 알맞은 도형을 그리고, 색을 칠해 보세요.

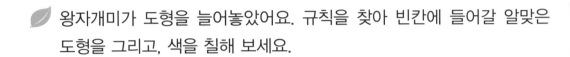

➤ 어떤 모양이 반복되고 있나요? 반복되는 모양을 그려 보세요.

➤ 어떤 색깔이 반복되고 있나요? 반복되는 색을 칠해 보세요.

➤ 위의 규칙에 따라 빈칸에 들어갈 모양을 그리고, 알맞게 색을 칠해 보세요.

정답 93쪽

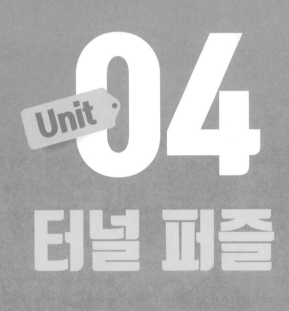

Unit 04
터널 퍼즐

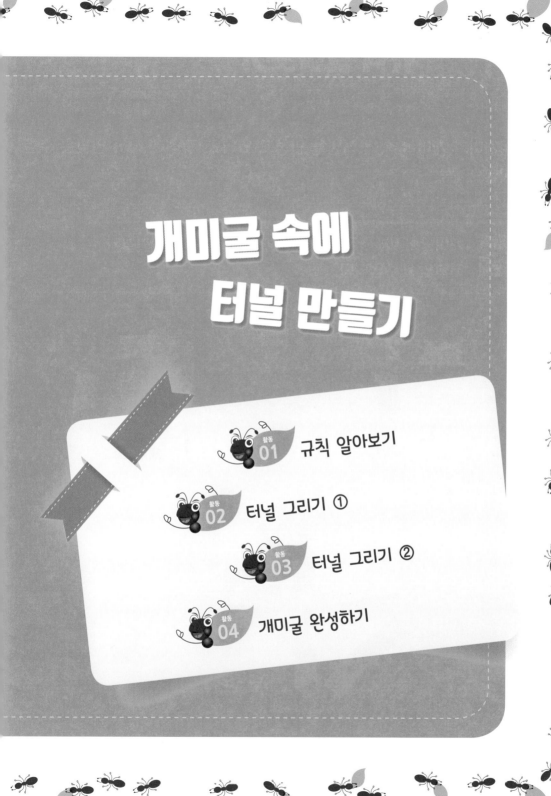

개미굴 속에 터널 만들기

안쌤과 함께하는 **재미있는 수학** 개미 퍼즐

규칙 알아보기

일개미가 개미굴 속에 터널을 만들고 있어요. 규칙에 따라 알맞은 수를 써넣으세요.

규칙 | 개미굴의 방(⚪) 위에 적힌 수는 이웃한 방과 연결된 터널의 개수입니다.

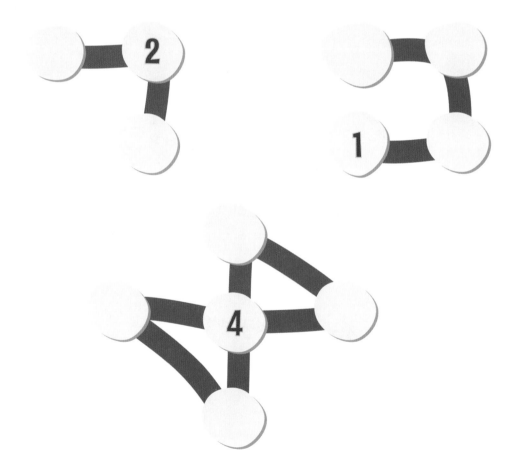

각 방에 연결된
터널의 개수를 세어요.

정답 94쪽

활동 02 터널 그리기 ①

🍃 개미굴의 방과 방을 연결하는 터널을 알맞게 그려 보세요.

방법

모든 선을 그어야 하는 수를 찾아 선을 연결합니다.

더 이상 선을 그을 수 없는 수를 찾아 점선 위에 ✕ 표 합니다.

나머지 수에 알맞게 선을 연결합니다.

> 방 위에 써 있는 수와 방에 연결된 점선의 개수를 비교해요.

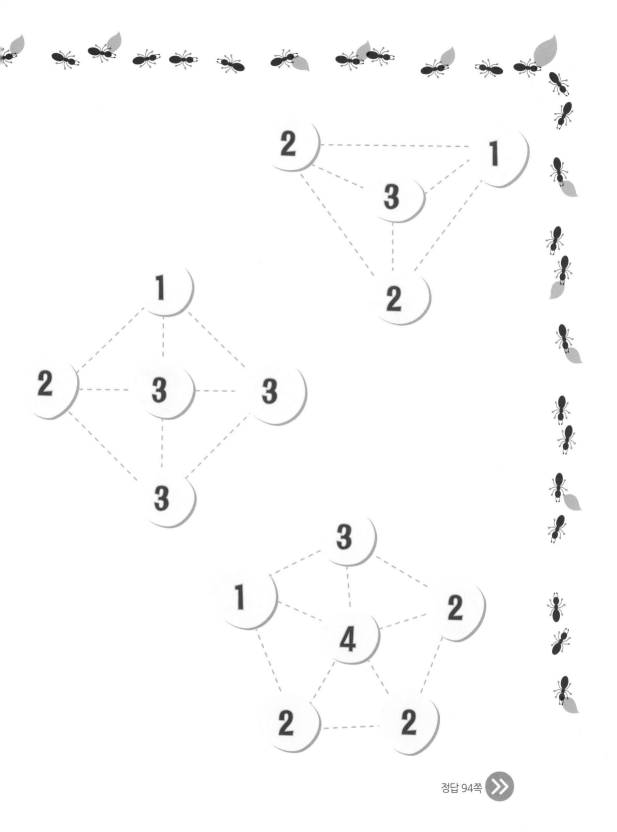

정답 94쪽 »

안쌤과 함께하는 **재미있는 수학** 개미 퍼즐

터널 그리기 ②

🍃 다음과 같은 조건에 맞게 터널을 그려 보세요.

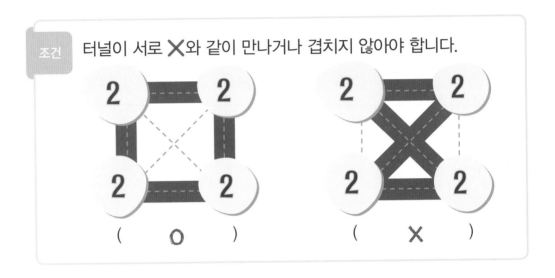

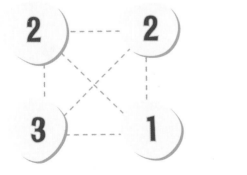

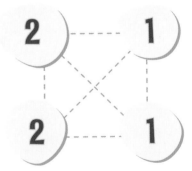

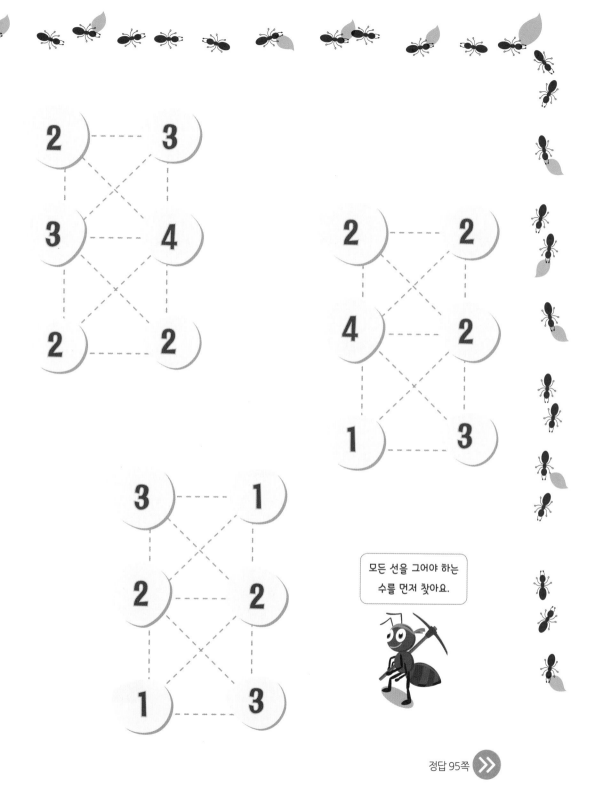

모든 선을 그어야 하는
수를 먼저 찾아요.

정답 95쪽

04 터널 퍼즐 43

활동
04

개미굴 완성하기

🍃 다음과 같은 조건에 맞게 터널을 그려 개미굴을 완성해 보세요.

조건

- 터널은 하나의 방에서 시작하고 다른 하나의 방에서 끝나야 합니다.
- 터널은 다른 터널 또는 다른 방을 가로 질러서는 안됩니다.
- 터널은 가로 또는 세로로 반듯하게 연결되고, ┌ 와 같은 모양으로 구부러지지 않습니다.
- 2개의 방은 터널 1개 또는 2개로 연결될 수 있습니다.
- 각 방에 연결된 터널의 수와 방에 써 있는 수가 같아야 합니다.

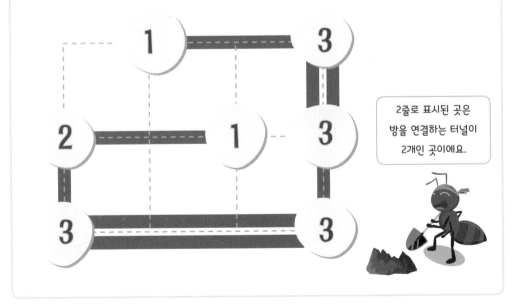

2줄로 표시된 곳은 방을 연결하는 터널이 2개인 곳이에요.

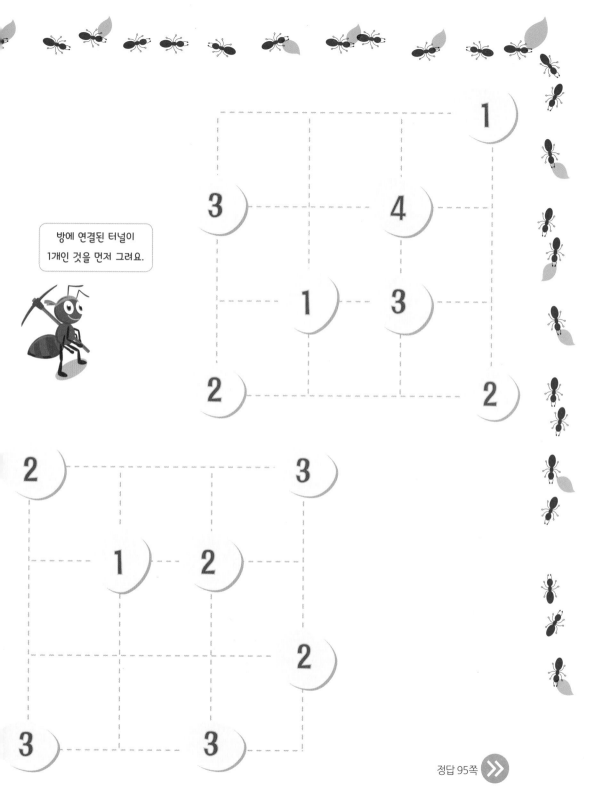

방에 연결된 터널이
1개인 것을 먼저 그려요.

정답 95쪽 ≫

Unit 05

네모네모 퍼즐

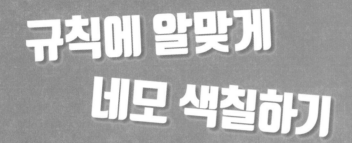

규칙에 알맞게
네모 색칠하기

안쌤과 함께하는 **재미있는 수학** 개미 퍼즐

규칙 알아보기

🍃 규칙에 따라 ▢ 안에 알맞은 수를 써넣으세요.

규칙 1 왼쪽의 수는 가로줄에 연속해서 색칠된 칸의 수를 나타냅니다.

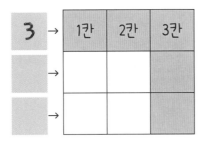 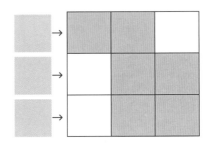

규칙 2 위쪽의 수는 세로줄에 연속해서 색칠된 칸의 수를 나타냅니다.

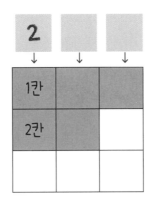 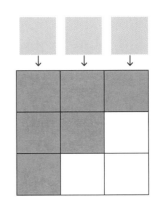

각 줄마다 색칠된 칸이
모두 몇 칸인지 세어요.

정답 96쪽

안쌤과 함께하는 **재미있는 수학** 개미 퍼즐

퍼즐 완성하기

🍃 빈칸을 칠하여 네모네모 퍼즐을 완성하세요.

♣ 준비물 : 색연필

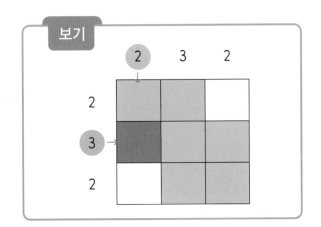

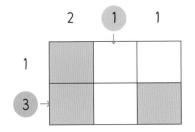

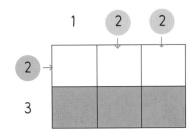

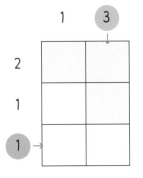

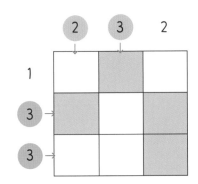

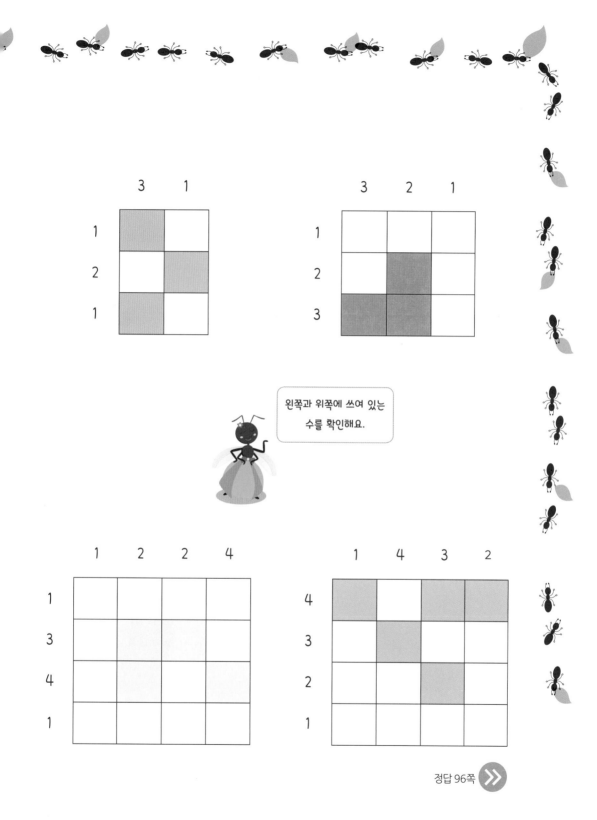

정답 96쪽 ≫

안쌤과 함께하는 **재미있는 수학** 개미 퍼즐

네모네모 퍼즐

🍃 네모네모 퍼즐 방법에 따라 빈칸을 알맞게 색칠하세요.

♣ 준비물 : 색연필

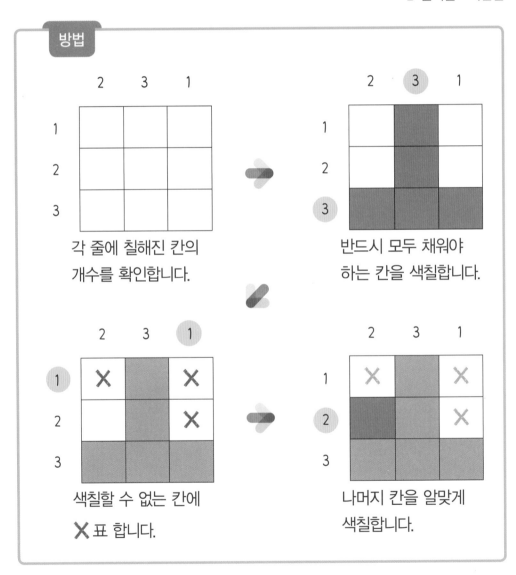

방법

각 줄에 칠해진 칸의 개수를 확인합니다.

반드시 모두 채워야 하는 칸을 색칠합니다.

색칠할 수 없는 칸에 ✕표 합니다.

나머지 칸을 알맞게 색칠합니다.

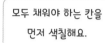

모두 채워야 하는 칸을
먼저 색칠해요.

	1	3	3	1
2				
4				
2				

	0	1	3
1			
1			
2			

	1	4	2	2
3				
4				
1				
1				

정답 97쪽 »

안쌤과 함께하는 **재미있는 수학** 개미 퍼즐

네모네모 로직

네모네모 로직 방법에 따라 빈칸을 알맞게 색칠하세요.

♣ 준비물 : 색연필

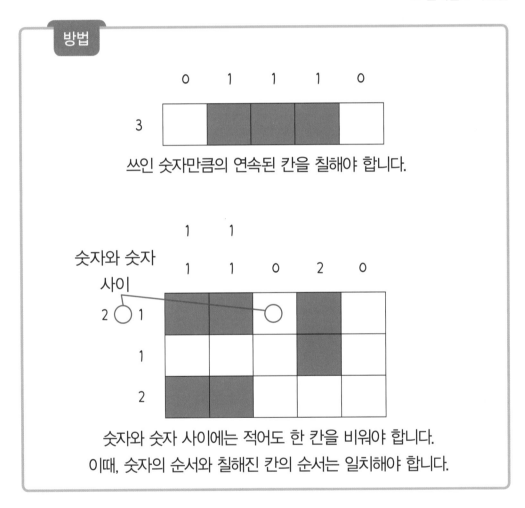

쓰인 숫자만큼의 연속된 칸을 칠해야 합니다.

숫자와 숫자 사이에는 적어도 한 칸을 비워야 합니다.
이때, 숫자의 순서와 칠해진 칸의 순서는 일치해야 합니다.

색칠할 수 없는 칸에는
X표로 표시해요.

Puzzle 1

	2	4	4	4	2
1 1					
5					
5					
3					
1					

Puzzle 2

		1	1		
	1	1	1	3
0	3	1	1	1
4					
1					
4					
1					
4					

정답 97쪽 »

Unit

06

상자 퍼즐

네모 상자 속에
여러 가지 넣기

활동 01

장난감 넣기

🍃 서로 다른 장난감 4개를 상자(⊞)에 넣으려고 해요. 서로 다른 4가지 장난감이 모여 있는 곳 1군데를 찾아 표시해 보세요.

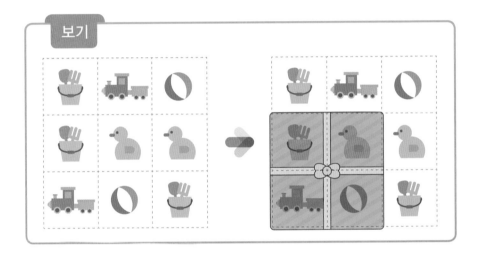

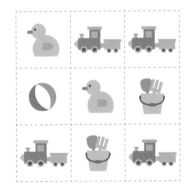

그림 순서에 관계없이 정사각형 모양으로 모여 있는 곳을 찾아요.

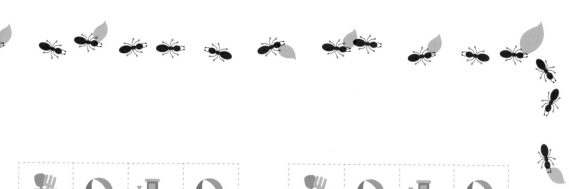

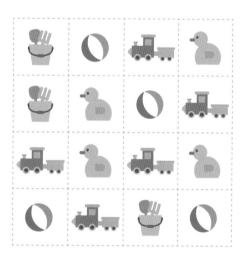

정답 98쪽

숫자 넘기

🍃 1, 2, 3, 4 숫자 4개를 상자(⊞)에 넣으려고 해요. 서로 다른 4가지 숫자가 모여 있는 곳 1군데를 찾아 표시해 보세요.

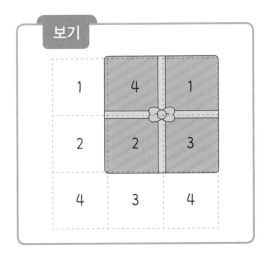

보기

1	**4**	**1**
2	**2**	**3**
4	3	4

순서에 관계없이
정사각형 모양으로
모여 있는 곳을 찾아요.

1	1	4	2	4
2	3	2	1	1
1	3	2	3	2
3	4	3	4	3

서로 다른 4가지 숫자가 모여 있는 곳 2군데를 찾아 표시해 보세요.

2	4	1	3	3
2	3	3	4	2
4	1	2	3	4
3	4	2	1	2

2	3	1	4	3
4	4	2	1	4
1	3	2	1	3
3	2	1	3	2
2	4	3	2	1

서로 다른 4가지 숫자가
모여 있는 곳이 각각
2군데씩 있어요.

정답 98쪽

상자 넘기 ①

🍃 큰 상자 속에 작은 상자를 여러 개 넣으려고 해요. 규칙에 맞게 작은 상자를 표시해 보세요.

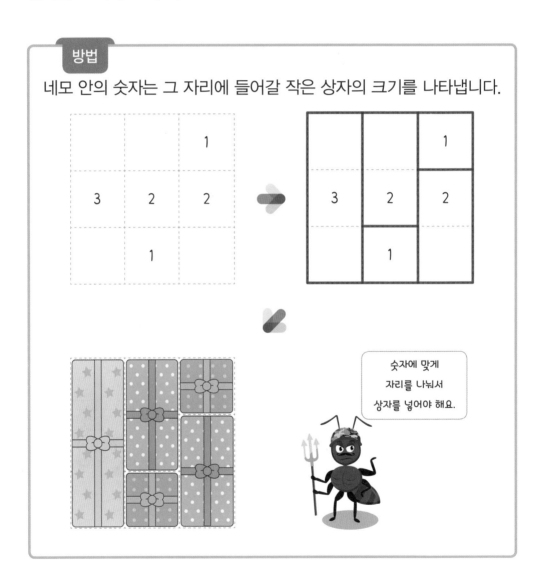

방법

네모 안의 숫자는 그 자리에 들어갈 작은 상자의 크기를 나타냅니다.

숫자에 맞게
자리를 나눠서
상자를 넣어야 해요.

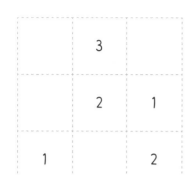

	3	
	2	1
1		2

2		2
2	1	
		2

가장 작은 상자를
먼저 표시해요.

1		2
2		1
3		3

	2		1
3	2	2	
		2	

정답 99쪽 »

상자 넣기 ②

🌿 큰 상자 안에 작은 상자를 넣는 규칙에 맞게 작은 상자를 표시하고,
⬜ 안에 알맞은 수를 써넣으세요. (단, 1부터 4까지의 수 중 1개만 넣을
수 있어요.)

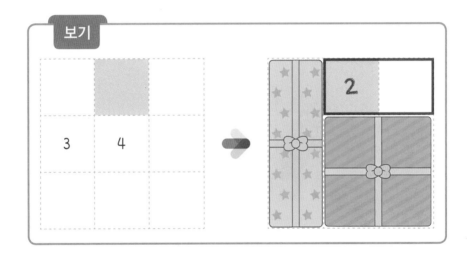

가장 작은 상자를
먼저 표시해요.

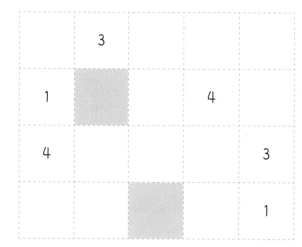

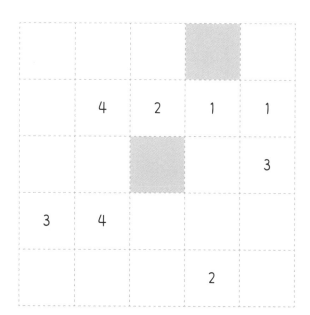

정답 99쪽

Unit 07

연산 퍼즐

덧셈, 뺄셈으로
빈 곳 채워넣기

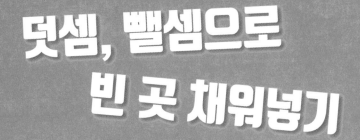

안쌤과 함께하는 **재미있는 수학** 개미 퍼즐

삼각형 연산

🍃 규칙에 따라 빈 곳에 알맞은 수를 써넣으세요.

> 규칙
> ①
>
> 삼각형 위 꼭짓점에 있는 수는 아래에 있는 두 꼭짓점의 수를 더한 값입니다.

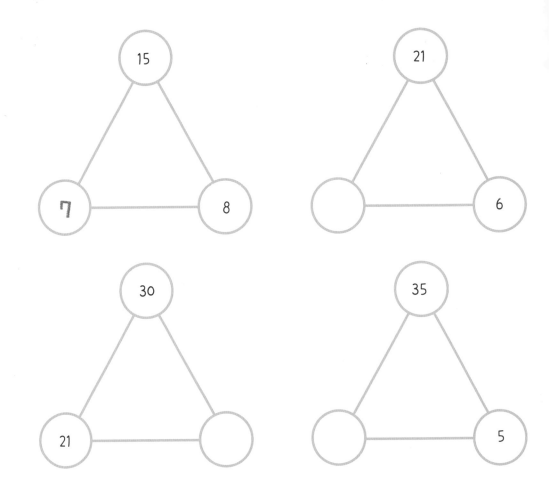

규칙 ② 삼각형 가운데 있는 숫자는 삼각형의 세 꼭짓점에 있는 수를 더한 값입니다.

5

15

1

22

2

빈 곳이 2칸 또는 3칸인 경우
여러 가지 방법으로 채울 수 있어요.

33

35

정답 100쪽 >>

안쌤과 함께하는 **재미있는 수학** 개미 퍼즐

덧셈 피라미드

🍃 규칙에 따라 빈 곳에 알맞은 수를 써넣으세요.

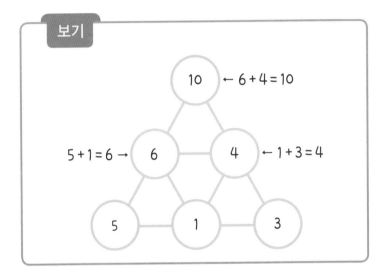

보기

10 ← 6 + 4 = 10

5 + 1 = 6 → 6 ⠀⠀ 4 ← 1 + 3 = 4

5 ⠀⠀ 1 ⠀⠀ 3

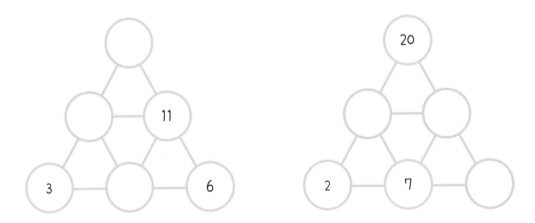

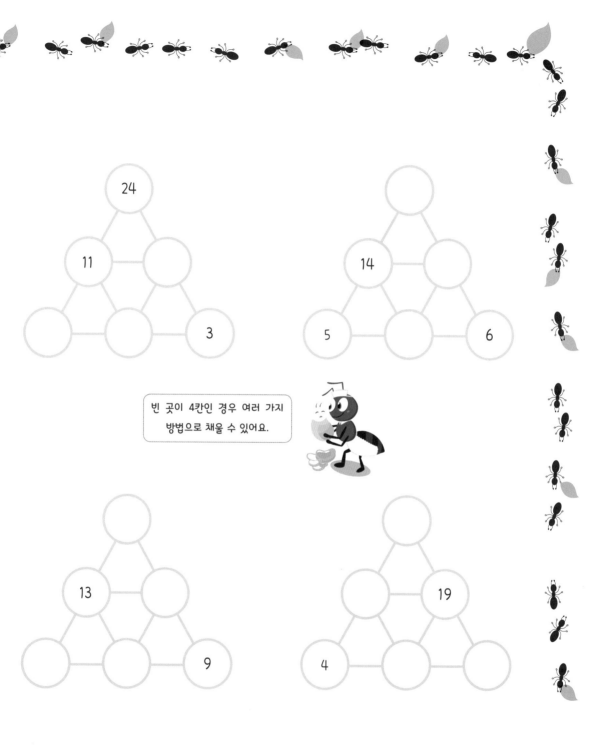

24

11

3

14

5

6

빈 곳이 4칸인 경우 여러 가지
방법으로 채울 수 있어요.

13

9

19

4

정답 100쪽 >>

안쌤과 함께하는 **재미있는 수학** 개미 퍼즐

뺄셈 피라미드

🍃 규칙에 따라 빈 곳에 알맞은 수를 써넣으세요.

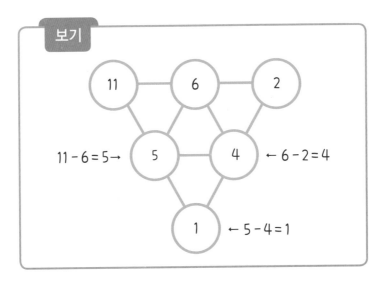

보기

11 − 6 = 5 →

← 6 − 2 = 4

← 5 − 4 = 1

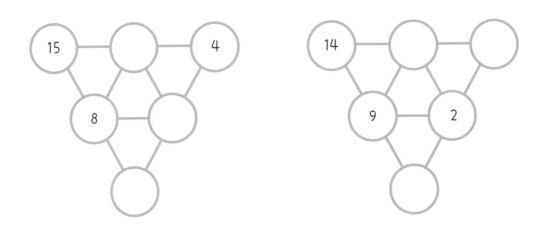

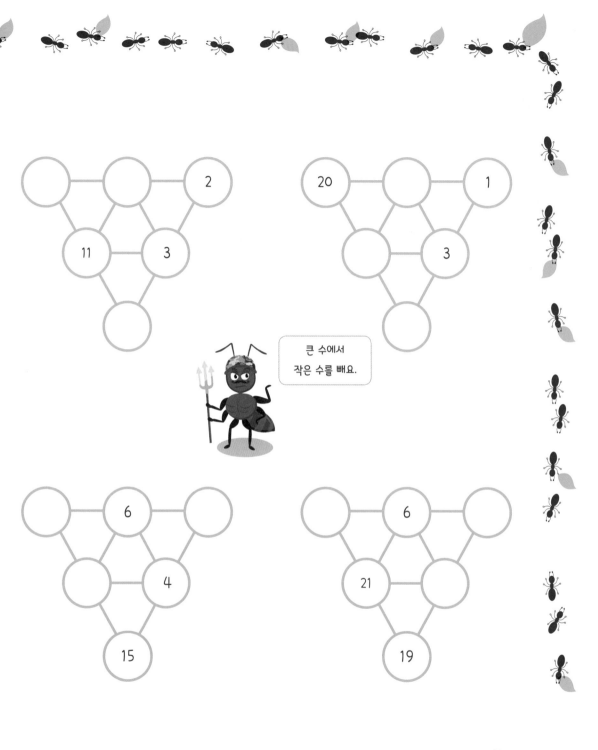

큰 수에서
작은 수를 빼요.

정답 101쪽 »

방 번호 찾기

🍃 각 칸 위에 있는 수를 더하거나 빼면 개미의 방 번호가 됩니다. 개미의 방 번호를 [ ] 안에 써넣으세요.

> **규칙**
> • 화살표 방향대로 한 칸씩 통과합니다.
> • 분홍색 칸(◯)에 적힌 수는 더해야 합니다.
> • 하늘색 칸(◯)에 적힌 수는 빼야 합니다.

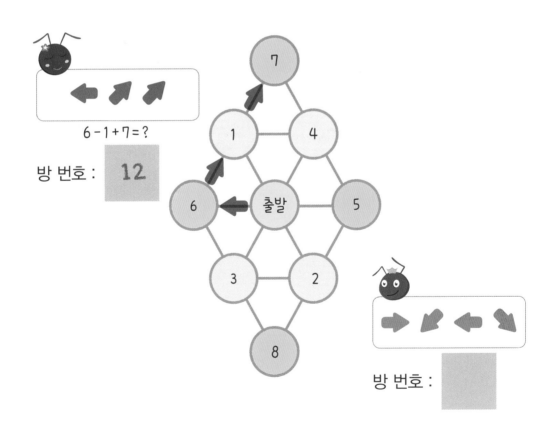

6 - 1 + 7 = ?

방 번호 : 12

방 번호 :

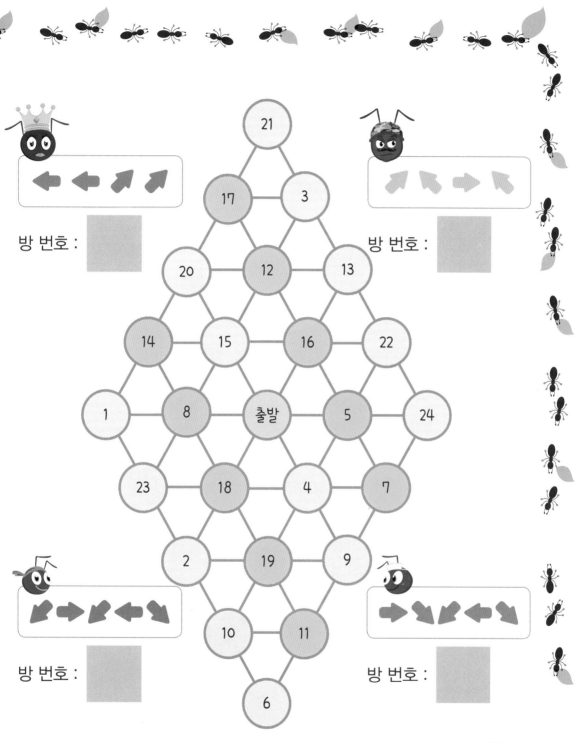

방 번호 :

방 번호 :

방 번호 :

방 번호 :

정답 101쪽

Unit 08

스도쿠 퍼즐

이웃하지 않게
빈칸 채워 넘기

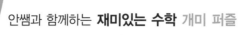

안쌤과 함께하는 **재미있는 수학** 개미 퍼즐

4×4 스도쿠

🍃 규칙에 따라 빈칸을 알맞게 채워 넣어 보세요.

보기

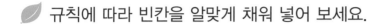

가로줄과 세로줄에 각각 서로 다른 그림이 하나씩 들어갑니다.

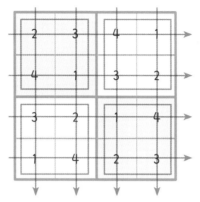

가로줄, 세로줄과 굵은 선으로 나누어진 4개의 사각형 안에 숫자 1, 2, 3, 4가 각각 하나씩 들어갑니다.

☆	4	2	☆
2	1	☆	3
1	☆	3	4
4			2

4	☆	2	
	2		
	4		
2	3	1	4

☆이 있는 칸을
먼저 채워 넣어요.

정답 102쪽 ≫

안쌤과 함께하는 **재미있는 수학** 개미 퍼즐

테트로미노 스도쿠

🍃 가로줄, 세로줄과 굵은선으로 표시된 4개의 테트로미노 안에 1, 2, 3, 4가 각각 하나씩만 들어가도록 빈칸을 채워 넣어 보세요.

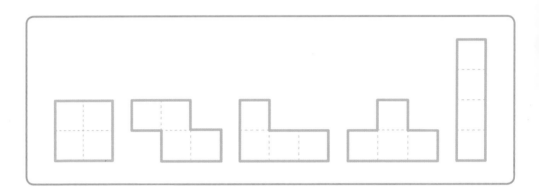

정사각형 4개를 이어 붙인
모양을 테트로미노라고 해요.

4	3	2	
2	1		4
	4	1	2
1		4	3

☆이 있는 칸을
먼저 채워 넣어요.

Puzzle 1 (top left):

2	1	☆	4
			2
3	4	2	☆
4	☆	1	3

Puzzle 2 (top right):

1	☆	2	3
	2		4
☆	3		1
4	1	3	☆

Puzzle 3 (bottom left):

2	3	☆	1
☆		1	
3			4
1		3	

Puzzle 4 (bottom right):

1	☆	2	3
☆		☆	
2		1	4
3	1	☆	2

가로줄, 세로줄, 테트로미노
모양에 모두 1~4가
하나씩만 들어가야 해요.

정답 102쪽 »

펜토미노 스도쿠

안쌤과 함께하는 **재미있는 수학** 개미 퍼즐

가로줄, 세로줄과 굵은선으로 표시된 5개의 펜토미노 안에 1, 2, 3, 4, 5가 각각 하나씩만 들어가도록 빈칸을 채워 넣어 보세요.

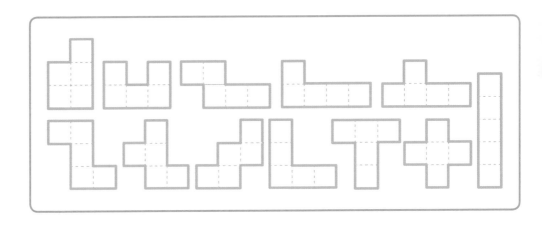

정사각형 5개를 이어 붙인 모양을 펜토미노라고 해요.

	2		3	4
5		3	1	2
	5	1		3
2	3		5	
	1	2	4	5

1	2	☆	3	5
	1	2	☆	
4		3	2	1
	4	☆	1	2
	3	1	5	

☆이 있는 칸을
먼저 채워 넣어요.

				3
3	5	☆		4
	4	3	5	☆
2	1			5
4		5	2	1

		4	2	3
3	2			4
2	4			
4		2		5
5	3	1	4	☆

가로줄, 세로줄, 테트로미노
모양에 모두 1~5가
하나씩만 들어가야 해요.

정답 103쪽 >>

안쌤과 함께하는 **재미있는 수학** 개미 퍼즐

6×6 스도쿠

 규칙에 따라 빈칸을 알맞게 채워 넣어 보세요.

> **규칙**
> - 각 가로줄의 칸에 1부터 6까지의 숫자를 한 번만 사용합니다.
> - 각 세로줄의 칸에 1부터 6까지의 숫자를 한 번만 사용합니다.
> - 6개의 사각형으로 이루어진 칸에 1부터 6까지의 숫자를 한 번만 사용합니다.

4	6	5	1	3	☆
1			4	6	
	5		2		
		3		1	
	2	4			1
☆	1	6	3	2	4

2		3			6
5		6		4	3
☆	2	4	6	5	1
1	6	5		2	☆
	3		1		5
6		1	4		2

☆이 있는 칸을 먼저 채워 넣어요.

☆	1	6		4	
5	4	3		1	
6		1	3		4
4		2	6		1
	2	☆	1	6	
1	6	5	4	3	

정답 103쪽 ≫

MEMO

Unit 01 빙고 퍼즐

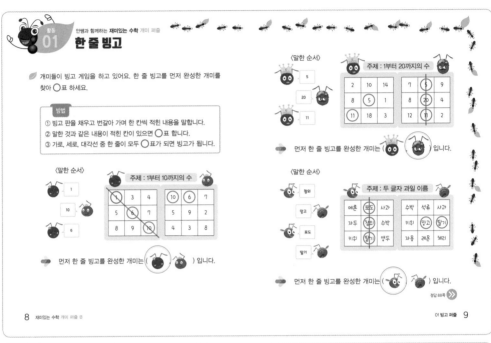

활동 01 선생님과 함께하는 **재미있는 수학** 개미 퍼즐

한 줄 빙고

개미들이 빙고 게임을 하고 있어요. 한 줄 빙고를 먼저 완성한 개미를 찾아 ◯표 하세요.

방법
① 빙고 판을 채우고 번갈아 가며 한 칸씩 적힌 내용을 말합니다.
② 말한 것과 같은 내용이 적힌 칸이 있으면 ◯표 합니다.
③ 가로, 세로, 대각선 중 한 줄이 모두 ◯표가 되면 빙고가 됩니다.

〈말한 순서〉

주제 : 1부터 10까지의 수

먼저 한 줄 빙고를 완성한 개미는 ( ) 입니다.

〈말한 순서〉

주제 : 1부터 20까지의 수

먼저 한 줄 빙고를 완성한 개미는 ( ) 입니다.

〈말한 순서〉

주제 : 두 글자 과일 이름

먼저 한 줄 빙고를 완성한 개미는 ( ) 입니다.

8 재미있는 수학 개미 퍼즐 B

01 빙고 퍼즐 9

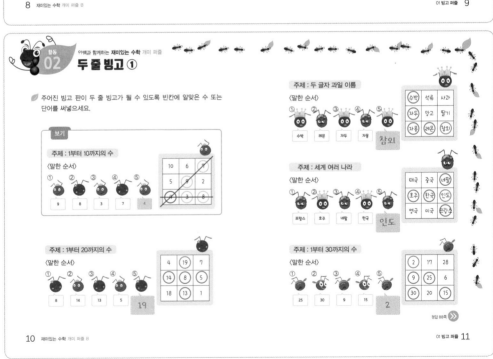

활동 02 아빠와 함께하는 **재미있는 수학** 개미 퍼즐

두 줄 빙고 ①

주어진 빙고 판이 두 줄 빙고가 될 수 있도록 빈칸에 알맞은 수 또는 단어를 써넣으세요.

보기

주제 : 1부터 10까지의 수
〈말한 순서〉

주제 : 1부터 20까지의 수
〈말한 순서〉

주제 : 두 글자 과일 이름
〈말한 순서〉

주제 : 세계 여러 나라
〈말한 순서〉

주제 : 1부터 30까지의 수
〈말한 순서〉

10 재미있는 수학 개미 퍼즐 B

01 빙고 퍼즐 11

03 두 줄 빙고 ②

여왕개미만 두 줄 빙고가 될 수 있도록 (   ) 안에 알맞은 수 또는 단어를 써넣으세요.

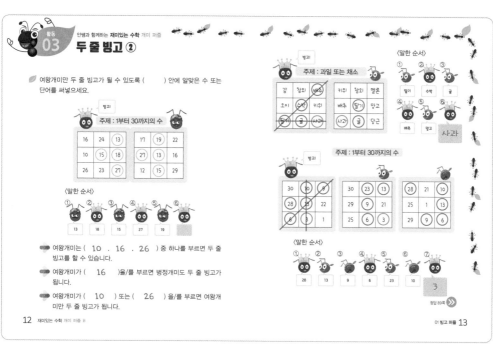

빙고
주제 : 1부터 30까지의 수

16	24	13		17	19	22
10	15	18		27	13	16
26	23	27		12	15	29

〈말한 순서〉

①	②	③	④	⑤	⑥
13	18	15	27	19	

🐜 여왕개미는 (10 . 16 . 26) 중 하나를 부르면 두 줄 빙고를 할 수 있습니다.

🐜 여왕개미가 (16)을/를 부르면 병정개미도 두 줄 빙고가 됩니다.

🐜 여왕개미가 (10) 또는 (26)을/를 부르면 여왕개미만 두 줄 빙고가 됩니다.

빙고
주제 : 과일 또는 채소

감	참외	배추		키위	참외	멜론
오이	사과	키위		배추	딸기	망고
당근	귤	사과		사과	귤	당근

〈말한 순서〉

①	②	③
딸기	수박	귤

④	⑤	⑥
배추	망고	사과

주제 : 1부터 30까지의 수

30	10	9		30	23	5		28	21	10
28	15	22		29	9	5		25	1	13
21	3	1		25	6	3		29	9	6

〈말한 순서〉

①	②	③	④	⑤	⑥	⑦
28	13	9	6	23	10	3

04 세 줄 빙고

다음은 세 줄 빙고 게임의 규칙입니다. 주어진 빙고 판이 세 줄 빙고가 될 수 있도록 빈칸에 알맞은 수 또는 단어를 써넣으세요.

규칙
• 주어진 주제로 빙고 판을 채웁니다.
• 빙고 게임의 방법에 맞게 게임을 합니다.
• 먼저 3줄 빙고가 되면 이깁니다.

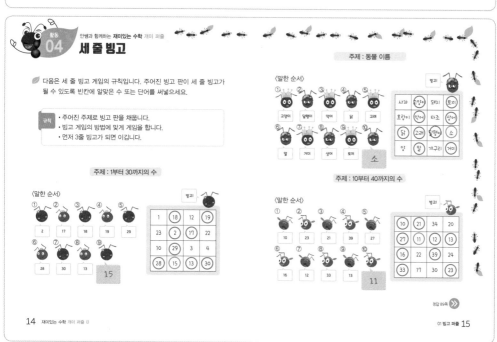

주제 : 동물 이름

〈말한 순서〉

①	②	③	④	⑤
고양이	달팽이	악어	닭	고래

⑥	⑦	⑧	⑨	⑩
말	거미	상어	토끼	소

빙고

사자	양말	돼지	토끼
호랑이	악어	타조	상어
닭	고래	달팽이	소
양	말	개구리	거미

주제 : 1부터 30까지의 수

〈말한 순서〉

①	②	③	④	⑤
2	17	18	14	29

⑥	⑦	⑧	⑨
28	30	13	15

빙고

1	18	12	19
23	2	17	22
10	29	3	4
28	15	13	30

주제 : 10부터 40까지의 수

〈말한 순서〉

①	②	③	④	⑤
10	23	14	39	27

⑥	⑦	⑧	⑨	⑩
16	12	33	13	11

빙고

10	21	34	20
27	11	12	13
16	22	39	24
33	17	30	23

정답 **89**

Unit 02 길 찾기 퍼즐

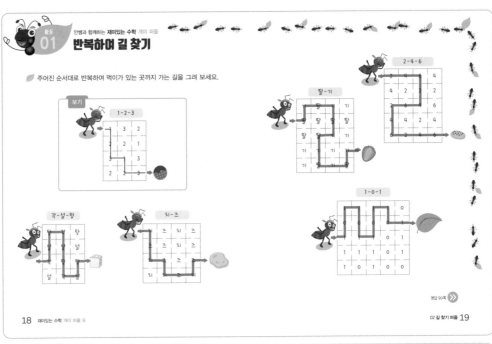

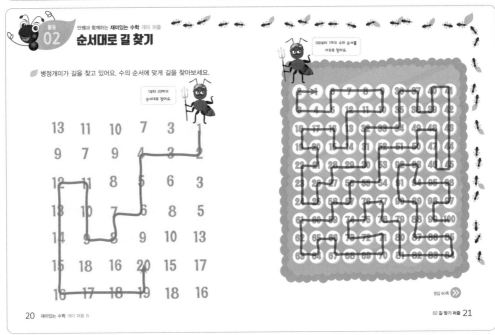

활동 03 모든 칸을 지나가기

🍃 개미 나라에 뱀이 나타났어요. 뱀이 모든 칸을 빠짐없이 한 번씩만 지나가도록 머리부터 꼬리까지 선을 연결해 보세요.

상자가 놓인 곳을 빼고 모든 칸을 지나가야 해요.

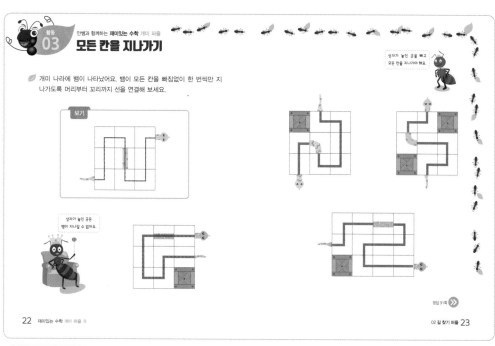

보기

상자가 놓인 곳은 뱀이 지나갈 수 없어요.

정답 91쪽 ➤➤

활동 04 덧셈, 뺄셈 길 찾기

🍃 규칙에 따라 🔲 안에 알맞은 수를 써넣으세요.

규칙
- 뱀의 머리에서 시작하여 꼬리까지 하나의 선으로 연결합니다.
- 현재 칸에 있는 수보다 2가 크거나 3 작은 수로 한 칸씩 이동합니다.
- 가로, 세로, 대각선 모든 방향으로 이동할 수 있습니다.

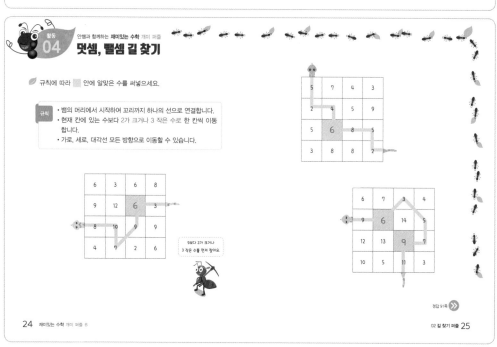

9보다 2가 크거나 3 작은 수를 먼저 찾아요.

정답 91쪽 ➤➤

Unit 03 규칙 퍼즐

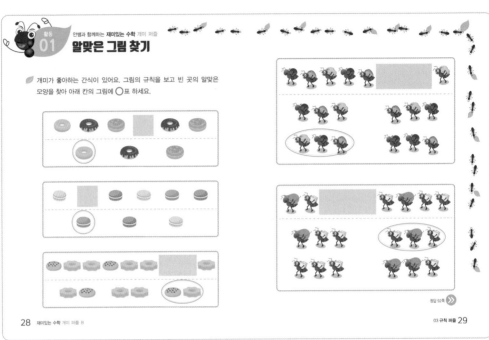

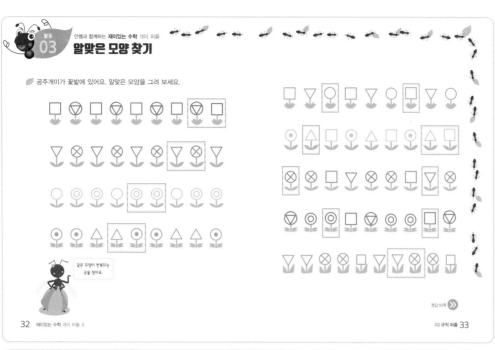

활동 03 알맞은 모양 찾기

안쌤과 함께하는 **재미있는** 수학 개미 퍼즐

공주개미가 꽃밭에 있어요. 알맞은 모양을 그려 보세요.

같은 모양이 반복되는 곳을 찾아요.

32 재미있는 수학 개미 퍼즐 B

03 규칙 퍼즐 33

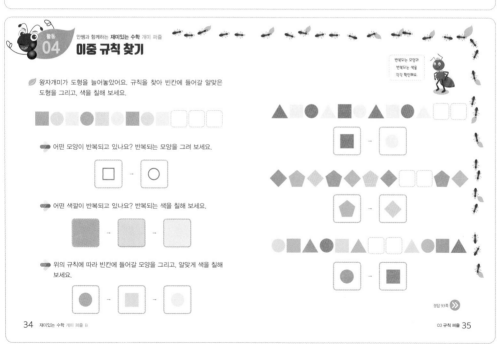

활동 04 이중 규칙 찾기

안쌤과 함께하는 **재미있는** 수학 개미 퍼즐

왕자개미가 도형을 늘어놓았어요. 규칙을 찾아 빈칸에 들어갈 알맞은 도형을 그리고, 색을 칠해 보세요.

반복되는 모양과 반복되는 색을 각각 확인해요

어떤 모양이 반복되고 있나요? 반복되는 모양을 그려 보세요.

어떤 색깔이 반복되고 있나요? 반복되는 색을 칠해 보세요.

위의 규칙에 따라 빈칸에 들어갈 모양을 그리고, 알맞게 색을 칠해 보세요.

34 재미있는 수학 개미 퍼즐 B

03 규칙 퍼즐 35

정답 **93**

Unit 04 터널 퍼즐

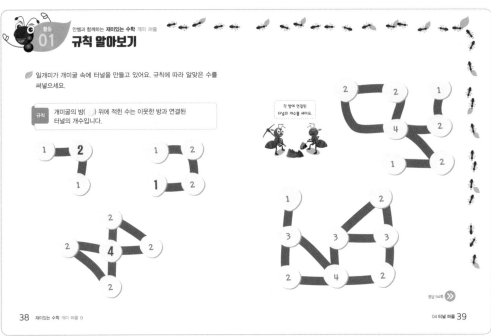

활동 01 안뱀과 함께하는 **재미있는 수학** 개미 퍼즐

규칙 알아보기

일개미가 개미굴 속에 터널을 만들고 있어요. 규칙에 따라 알맞은 수를 써넣으세요.

규칙 개미굴의 방( ) 위에 적힌 수는 이웃한 방과 연결된 터널의 개수입니다.

각 방에 연결된 터널의 개수를 세어요.

정답 94쪽

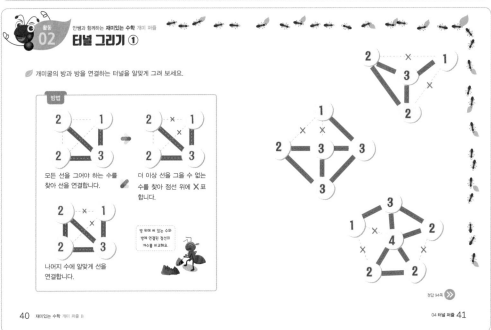

활동 02 안뱀과 함께하는 **재미있는 수학** 개미 퍼즐

터널 그리기 ①

개미굴의 방과 방을 연결하는 터널을 알맞게 그려 보세요.

방법

모든 선을 그어야 하는 수를 찾아 선을 연결합니다.

더 이상 선을 그을 수 없는 수를 찾아 점선 위에 ✗표 합니다.

나머지 수에 알맞게 선을 연결합니다.

방 위에 써 있는 수와 방에 연결된 경선의 개수를 비교해요.

정답 94쪽

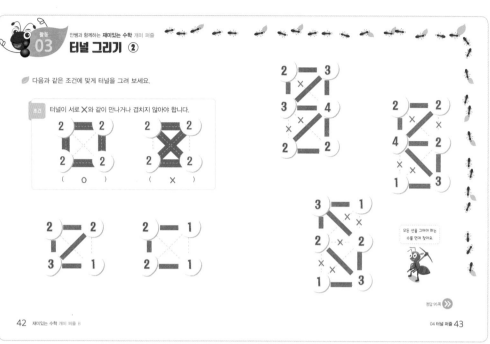

다음과 같은 조건에 맞게 터널을 그려 보세요.

조건 | 터널이 서로 ✕와 같이 만나거나 겹치지 않아야 합니다.

모든 선을 그어야 하는 수를 먼저 찾아요.

정답 95쪽 ▶▶

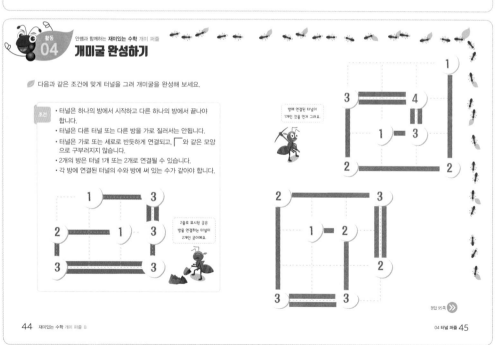

다음과 같은 조건에 맞게 터널을 그려 개미굴을 완성해 보세요.

조건
• 터널은 하나의 방에서 시작하고 다른 하나의 방에서 끝나야 합니다.
• 터널은 다른 터널 또는 다른 방을 가로 질러서는 안됩니다.
• 터널은 가로 또는 세로로 반듯하게 연결되고, ⌐와 같은 모양으로 구부러지지 않습니다.
• 2개의 방은 터널 1개 또는 2개로 연결될 수 있습니다.
• 각 방에 연결된 터널의 수와 방에 써 있는 수가 같아야 합니다.

2줄로 표시된 곳은 방을 연결하는 터널이 2개인 곳이에요.

방에 연결된 터널이 1개인 것을 먼저 그려요.

정답 95쪽 ▶▶

활동 01 규칙 알아보기

안쌤과 함께하는 재미있는 수학 개미 퍼즐

규칙에 따라 █ 안에 알맞은 수를 써넣으세요.

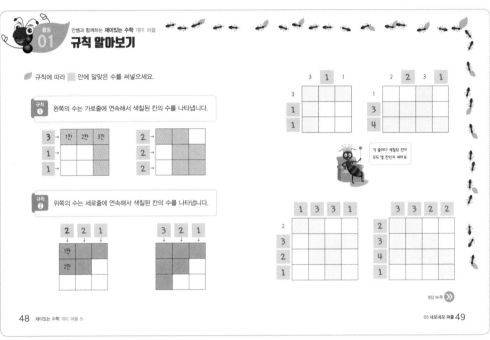

활동 02 퍼즐 완성하기

안쌤과 함께하는 재미있는 수학 개미 퍼즐

빈칸을 칠하여 네모네모 퍼즐을 완성하세요.   ◆ 준비물 : 색연필

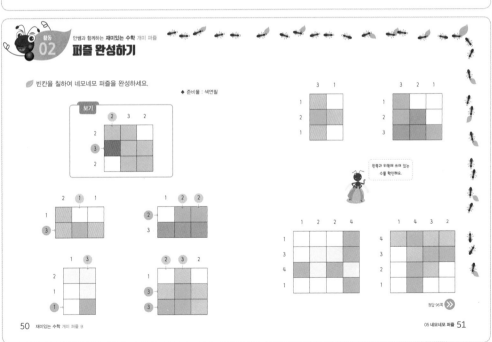

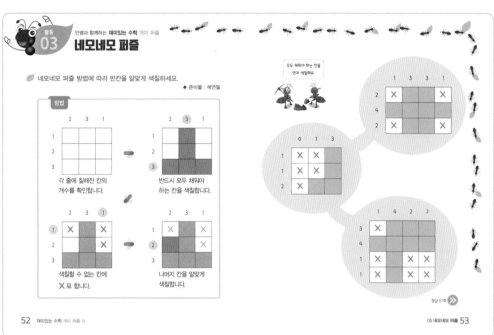

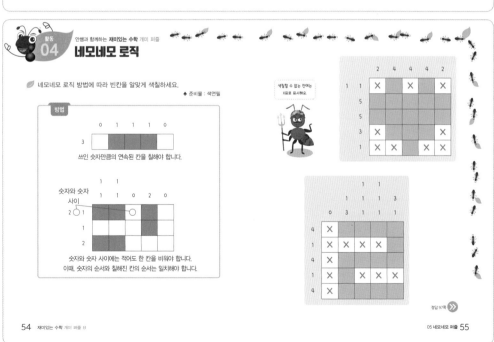

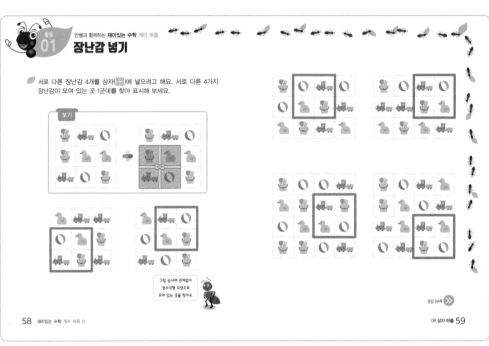

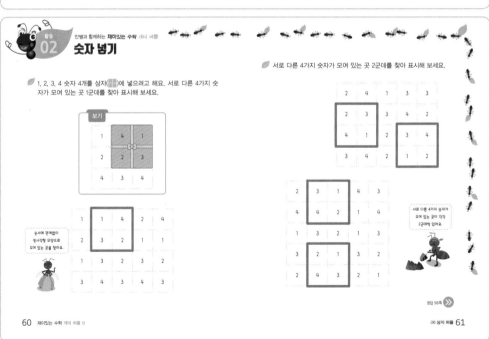

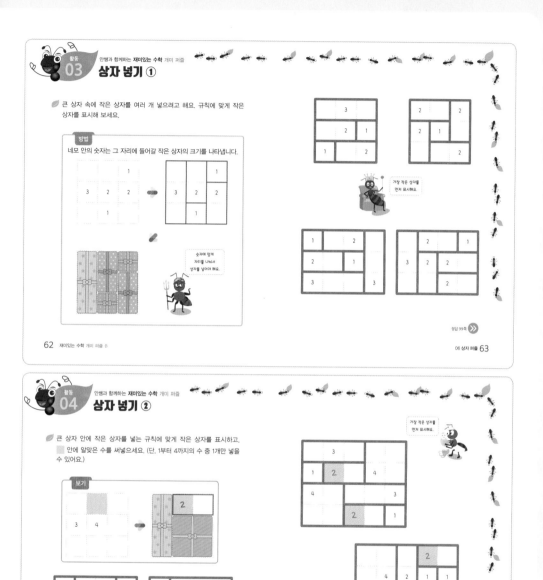

활동 03 **상자 넘기 ①** 안쌤과 함께하는 재미있는 수학 개미 퍼즐

큰 상자 속에 작은 상자를 여러 개 넣으려고 해요. 규칙에 맞게 작은 상자를 표시해 보세요.

방법

네모 안의 숫자는 그 자리에 들어갈 작은 상자의 크기를 나타냅니다.

가장 작은 상자를 먼저 표시해요.

숫자에 맞게 자리를 나눠서 상자를 넣어야 해요.

정답 99쪽

62 재미있는 수학 개미 퍼즐 B / 06 상자 퍼즐 63

62 재미있는 수학 개미 퍼즐 B

06 상자 퍼즐 63

활동 04 **상자 넘기 ②** 안쌤과 함께하는 재미있는 수학 개미 퍼즐

가장 작은 상자를 먼저 표시해요.

큰 상자 안에 작은 상자를 넣는 규칙에 맞게 작은 상자를 표시하고, 안에 알맞은 수를 써넣으세요. (단, 1부터 4까지의 수 중 1개만 넣을 수 있어요.)

보기

64 재미있는 수학 개미 퍼즐 B

06 상자 퍼즐 65

정답 99쪽

정답 **99**

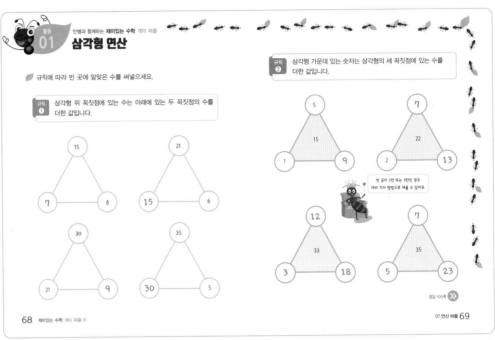

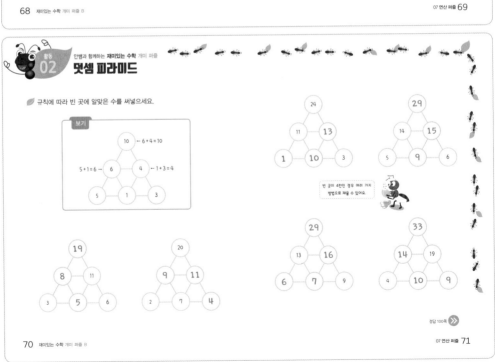

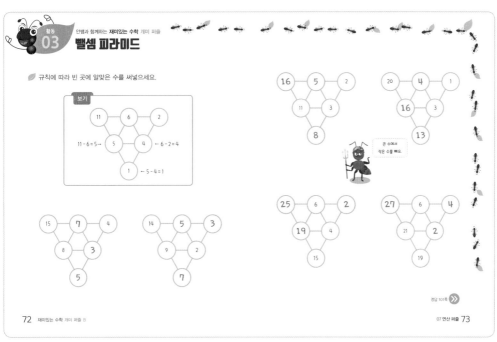

활동 03 뺄셈 피라미드

안쌤과 함께하는 재미있는 수학 개미 퍼즐

규칙에 따라 빈 곳에 알맞은 수를 써넣으세요.

보기

11 - 6 = 5 → 5   ← 6 - 2 = 4
← 5 - 4 = 1

큰 수에서 작은 수를 빼요.

72 재미있는 수학 개미 퍼즐 B

07 연산 퍼즐 73

정답 101쪽

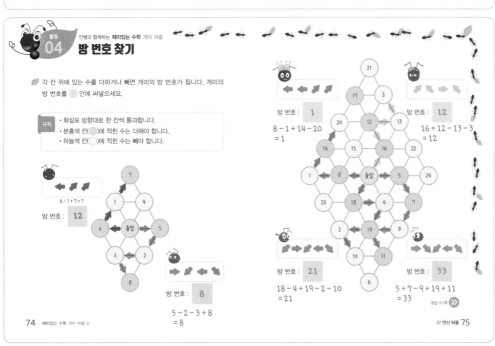

활동 04 방 번호 찾기

안쌤과 함께하는 재미있는 수학 개미 퍼즐

각 칸 위에 있는 수를 더하거나 빼면 개미의 방 번호가 됩니다. 개미의 방 번호를 안에 써넣으세요.

규칙
• 화살표 방향대로 한 칸씩 통과합니다.
• 분홍색 칸( )에 적힌 수는 더해야 합니다.
• 하늘색 칸( )에 적힌 수는 빼야 합니다.

방 번호: 12
6 - 1 + 7 = ?

방 번호: 8
5 - 2 - 3 + 8 = 8

방 번호: 1
8 - 1 + 14 - 20 = 1

방 번호: 12
16 + 12 - 13 - 3 = 12

방 번호: 21
18 - 4 + 19 - 2 - 10 = 21

방 번호: 33
5 + 7 - 9 + 19 + 11 = 33

74 재미있는 수학 개미 퍼즐 B

07 연산 퍼즐 75

정답 101쪽

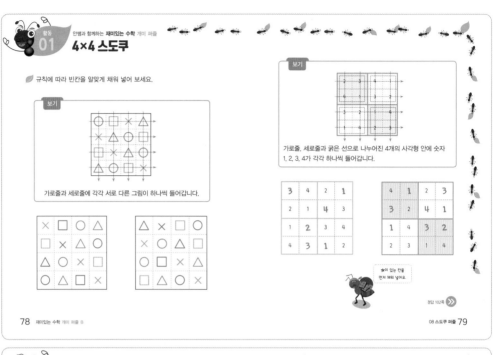

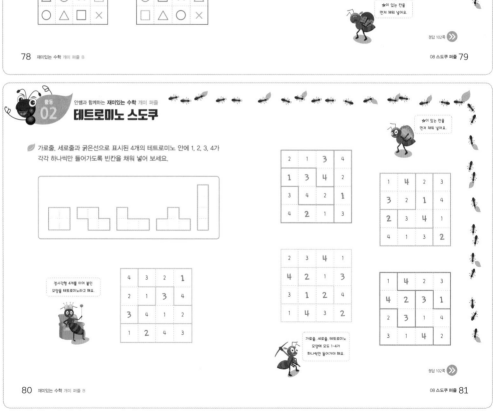

활동 03 펜토미노 스도쿠

🍃 가로줄, 세로줄과 굵은선으로 표시된 5개의 펜토미노 안에 1, 2, 3, 4, 5가 각각 하나씩만 들어가도록 빈칸을 채워 넣어 보세요.

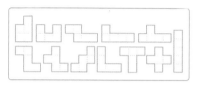

정사각형 5개를 이어 붙인 모양을 펜토미노라고 해요.

1	2	5	3	4
5	4	3	1	2
4	5	1	2	3
2	3	4	5	1
3	1	2	4	5

1	2	4	3	5
5	1	2	4	3
4	5	3	2	1
3	4	5	1	2
2	3	1	5	4

☆이 있는 칸을 먼저 채워 넣어요.

5	2	1	4	3
3	5	2	1	4
1	4	3	5	2
2	1	4	3	5
4	3	5	2	1

1	5	4		
3	2	5	1	
2	4	3	5	1
4	1	2	3	
	3	1	4	2

가로줄, 세로줄, 테트로미노 모양에 모두 1~5가 하나씩만 들어가야 해요.

정답 103쪽 ≫

활동 04 6×6 스도쿠

🍃 규칙에 따라 빈칸을 알맞게 채워 넣어 보세요.

규칙
- 각 가로줄의 칸에 1부터 6까지의 숫자를 한 번만 사용합니다.
- 각 세로줄의 칸에 1부터 6까지의 숫자를 한 번만 사용합니다.
- 6개의 사각형으로 이루어진 칸에 1부터 6까지의 숫자를 한 번만 사용합니다.

★이 있는 칸을 먼저 채워 넣어요.

2	4	3	5	1	6
5	1	6	2	4	3
3	2	4	6	5	1
1	6	5	3	2	4
4	3	2	1	6	5
6	5	1	4	3	2

4	6	5	1	3	2
1	3	2	4	6	5
6	5	1	2	4	3
2	4	3	5	1	6
3	2	4	6	5	1
5	1	6	3	2	4

2	1	6	5	4	3
5	4	3	2	1	6
6	5	1	3	2	4
4	3	2	6	5	1
3	2	4	1	6	5
1	6	5	4	3	2

정답 103쪽 ≫

정답

어려운 수학은 가라!
유치, 초등 저학년을 위한 신개념 퍼즐 수학

안쌤과 함께하는
재미있는 수학
개미 퍼즐 시리즈

개미와 함께 재미있는 퍼즐을 풀면
수학에 대한 흥미와 관심이 커지고
자연스럽게 수학적 사고력이 길러집니다.